PARTÍCULAS ELEMENTALES

RAFAEL CASALLOP

PARTÍCULAS ELEMENTALES

RAFAEL CASALLOP

avant
editorial
www.avanteditorial.com

Primera edición, abril de 2021

Maquetación y diseño:
Avant editorial
Avenida de Londres, 6, Portal 1, Atico A, 28500 Arganda (Madrid)
www.avanteditorial.com
info@avanteditorial.com

ISBN: 978-84-18460-88-3
IBIC: DCF

Cette vie est un hôpital aù chaque malade
Et possédé du dèsir de changer de lit
Charles Baudelaire

La vida misma es el resultado del gobierno
absoluto del ácido desoxirribonucleico
Salvador Dalí

Libro primero
MUTACIÓN DE LA MATERIA

I

Hombre, sabes que vives solo
en el hogar prestado para tus huesos
y tu pensamiento de ceniza
muta imperceptible como un pájaro de luz.
Pero el caso es que un día decidiste nacer
y nadie te empujó a la materia.
Esa fue una decisión trascendente,
como trascendente fue subir al primer tranvía,
tu primer día en la escuela, tu primera comunión
y aquel arrebato de un amor imposible.
O trascendente comprenderte en los huesos
que crujen hirientes, o trascendente
el trastero donde viajabas de niño,
el trasfondo incontestable del roce
de una materia extraña en las encías.

Pero el caso es que ignoras el motivo
ese de querer nacer para caer en las sombras
después de la luz. Tú sabes, hombre, que las noches
caen unas detrás de otras, que las hojas
fingen que tiemblan al roce indeleble de las horas
venideras. ¿O acaso nacer fue una decisión
trascendentalmente errónea? Como trascendente
es el ocaso que preludia lo inevitable
que está en el final último de las cosas.

II

He de volver, me dijiste
entre extrañas raíces científicas.
Yo he de volver, pero ¿adónde?
Mi vida sabe de la desazón de los ciempiés,
de las sierpes, de los herpes inflamados
por palabras suicidas. Yo he de volver, me dijiste,
para recoger lo que dejaste tembloroso
todavía como las cuerdas de una guitarra.
¿Pero, qué debes recoger? Tu vida se partió
en el deshielo frenético. Los icebergs congelaron
la primavera. Lo pasado quedó cautivo en el recuerdo.
Nada puede transformar lo vivido. He de recoger
lo que viví, dijiste. No hay vuelta atrás. Pero
perdiste el tren del pasado. No te reconoces
en lo que fuiste. Pero lo vivido no se transforma.

Querías volver para recoger las cenizas,
los imperdibles en la piel transgénica,
el metal bruñido cascabeleando en la infancia,
los terrones de carbón incendiario, y los escarabajos
huyendo de la incineración. Volver a recoger
los cuchillos nocturnos, centrifugar los recuerdos,
lavar la memoria suicida. Tenías que volver
con tus heridas abiertas. Me dijiste que lo jurabas
quedamente en el tiempo. ¿Y para qué volver?
El camino se borró. Losas pesadas y piedras
cayeron encima borrando el recuerdo.
Volver: ¿para qué? Nunca más serás lo que fuiste.
El pasado se vistió de sepulturero
derrumbó cartílagos, no lo olvides,
imágenes perennes, personas volátiles como
reflejos diluidos en el agua, espejos,
cuchillas hirientes, aristas oxidadas
y ondinas violadas en lagos cenicientos.
¿Para qué vivir? Pasaré la página, me dijiste:
nada vuelve. Ni los pájaros. Ni yo mismo
diluido en nubes de olvido.

III

¿Y ahora qué cuentas, pequeño iluso?
Has dormido el dolor del cuerpo y has despertado
el dolor del alma: el sufrimiento se multiplica,
fluye como el agua corriente y es un dolor milenario,
como el agua de una fuente que cantara
su frenesí en el dolor de la piedra
y soportara el peso ingrato del roce sobre su piel.
¿Y ahora qué me cuentas, iluso montado en un tren
ilusorio?: urge dormir el dolor del cuerpo.
Del alma tal vez ya no quede nada, la esencia primordial
se perdió, se diluyó en el frenesí sinfónico del milenio.
¿Y ahora qué, iluso soportando el dolor de los sueños?
Fluyes como un río que dijera una mentira
que enardeciera para siempre el recuerdo.
Debes saber que hay un dolor milenario en los días pensantes,
indescifrables, como el color de la nada.
Y que hay duendes que duermen en el tiempo
para mitigar un dolor trascendente como la mutación.

IV

Deja que saboree mi dulce tristeza
afuera de la vorágine del mundo. Deja que
saboree esta tristeza aquí, sigilosamente,
en una isla rodeado de mundo.
Hoy mojé mis pies de lluvia, hice un favor
cualquiera y reviví un recuerdo soterrado.
Me autodestruí las horas, los días subterráneos,
aquí, sigilosamente. Deja que saboree la tristeza
de vivir afuera de la vorágine del mundo,
respirando la burbuja de aire,
déjame, déjame.
Hoy quise encerrarme en una isla y horas pasaban
y la sabiduría trepaba como la hiedra en un muérdago
de luz. Y de vivir lo justo. Hice un favor a cualquiera
sigilosamente, me dejé llevar por el agua subterránea
¿Y a quién he de suplicar la exaltación de tristeza?

V

La muerte estuvo paseando por las arterias
lúgubres de tu cuerpo, y no encontró razón
para la inexistencia. No encontró razón
para mutar en ceniza y desaparecer en la noche
de los tiempos. Tampoco que se evaporara
fuera de tu vida, en el caos ingrávido,
aleteando los brazos como un vulgar molino eólico.
No estuvo bien esa razón que esgrimió la muerte
para estirarte el hígado perezoso
y seguir así una vida en el caos. La muerte es así.
Pasaba por allí. No tenía razón alguna para abrazarte
como una querida, pero no dudó en llevarte consigo.

VI

Dentro del maravilloso cuerpo de la lámpara
se encontraba el genio en lo insustancial.
Comprimió su cuerpo en plasma para salir.
Prefirió manifestarse en un sueño desionizado
sin cuerpo para el mundo. Para decirlo
de otra manera: ese genio quiso probar
qué tal la vida después de venir del humo
y encontrarse en lo insustancial.
Cuando respiró el aire infernal de la vida
el sueño se evaporó. Fue algo vulnerable, sin deseo,
sin cuerpo donde nadie pudiera soñar
ningún deseo. Se convirtió en algo parecido
a
nada.

VII

Versos inconexos
que no llevan a ningún lugar.
Los pájaros cantan.
Estoy tumbado.
No importa.
Estoy oyendo la música del tiempo.
Mientras circulan golondrinas
miro el vértigo de las estrellas.
El tiempo circula.
Los pájaros vuelan lejos y cerca.
Es mentira.
Estoy triste.

VIII

Algunas veces la tristeza llama a tu puerta
y le dices displicente que no hay para tanto,
que no hay ninguna razón ni condiciones
y que no comprendes muy bien esa premura
en visitarte a ti que domaste al dolor y exprimiste
como un limón la dicha. Y esa tristeza,
obstinadamente, llama a tu puerta
desde un lugar remoto que desconoces.
Y, sin embargo, asegurarías
que es reconocible como el dolor de la vida.
Algunas veces la tristeza se empeña
en mirar por la ventana, como si conociera
a tu alma guardada ahí adentro desde siempre.
Y a veces, tu alma le abre la puerta y le sacia la sed.
Y te dices —ya saciada su sed—
que debería marcharse de una vez
no sea que el niño que habita en ti
solloce su desdicha escondida.

IX

A ver: ¿Cuántas muertes debes llevar
en la memoria?
La vida es como una tumba
de tierra sobre los hombres
de muerte sobre la tierra.
¿Cuántas muertes has de soportar
hasta la disolución de la materia?
Cada día en tu vida hay muchas muertes
premeditadas, comprometidas
con la disolución de la materia.
Y la vida es una tumba
de muertes sobre la tierra
de tierra sobre los hombres.

X

Paradójico es el engaño sistemático
y aferrarse al engaño como quién quiere
seguir ciego, porque la luz se extiende
en los confines de un mundo inhóspito.
Paradójico, querer seguir en el engaño
éste de vivir en lo superficial y aferrarse
al mundo pueril. El espíritu se cansó ya
de escalar montañas. Es muy fácil
dormir solemne en una cama o
dejarse llevar por el río inacabable de la vida.

XI

Mudas palabras, mudos versos y muda poesía
prendida al filo de las pérdidas y las ausencias,
construyendo signos inútiles en el tiempo.
A veces el recuerdo recupera algo perdido
como un tesoro olvidado por las olas a la orilla
inestable de una playa. Otras veces las voces
suenan en el aire como trompetas en el fondo
de un vacío. Algo queda entonces como una sinfonía
llena de ausencias y mudas palabras melancólicas.

XII

Atardecía
cuando llegué al apeadero de una estación de tren.
Yo tenía veinte años y huía. ¿Por qué huía yo?
Estaba cansado del trabajo esclavo de la imprenta
y de un amor imposible. Las nubes se tiñeron de púrpura
mientras caminaba tristemente ausente.
¿De qué huía yo sino de mí mismo y de mi mundo?
Recuerdo que me senté a la orilla de una fuente
cerca de un bosquecillo silencioso. Las hojas de los chopos
temblaban sonando como panderetas en el aire.
¿Hubiera sido capaz de abandonarlo todo
y ser un vagabundo sin destino? No sé. Me dormí
con la sinfonía de las hojas arrullado como un niño
por su madre. Cuando desperté
amanecía.

XIII

Sumergido en el caos de la indolencia.
Aglutino todas las tristezas pasadas de mi vida.
Oxidado por el recuerdo de las cosas que advinieron.
Cosas que pasaron arañando.
En mi bodega guardo cosas que olvidé.
Sentado en la terraza como un dios en su pedestal.
Busco mi vida ínclita como íbero de metal.
¿Qué es eso que sobrevuela mi tortura (una golondrina)?
Dije un día de ingenuidad que ya no amaría la vida.
Me dan pena los niños de cristal.
Los almendros florecen cada año, ávidos de fruto.
Me torturo digo cosas de mi vida escrita en un diario.
Ingiero algo que contenga miel.
Entorno los ojos a causa de una alergia espiritual.
La vida envuelta en una aspirina de mentira.
La Luna también tiene alergia a la Tierra y se aleja.
Soy cada vez menos y más para la nada.
Una tarde que me gustaría detener.
Todo vuela no puedo coser ningún tejido.

¡Qué extraño llevo colgando una alforja de muertos!
Mi vida se entregó como una ramera a los recuerdos.
Soy de sueños diluidos en cañas de azúcar.
Mis ojos son como pájaros de sueños.
Iré a buscar cosas que nunca tuve.
Me detengo a causa del tiempo otros vuelan.
Otro que no soy yo mismo que me caí.
Pertenezco a los sublimes un vuelo me hace sufrir.
Soplaría sobre los hombres de pies de plomo.
Todo lo que no *es* vuela como un soplo.
Metamorfoseado como un gusano de seda en la niñez.
Una caja de cartón dentro una ilusión.
Me aferro como todos a la agonía egoísta.
No quisiera morir bajo ningún concepto, pero me dejo.
Intento equilibrios.
Me atosigo diluyéndome otra vez en la nada.
Mi gravedad me impulsa para arriba cuando caigo.
Así nunca maduraré.
No estoy maduro para nacer.

XIV

¿Y si las piedras no fueran un lunar en la piel?
¿Y si la epilepsia no fuera más estallidos de luz?
¿Y si la luz no cegara la oquedad de la vida?
¿Y si la vida estuviera vacía de significado?
¿Y si nada significara NADA?

XV

He visto violar los nidos de cigüeñas
y apalear perros indefensos.
Aún recuerdo el dolor rencoroso
instaurarse en los ojos lentamente
y el vidrio transparente de una humillación.
He visto sobre todo el dolor naciendo del hombre
y embrutecer al mundo perplejo.
He visto cosas horribles perpetradas por el hombre
y ya no puedo creer que sea una mera coincidencia.
Me niego sistemáticamente a creer
que toda esa maldad es una casualidad de ilusos.
He visto aniquilar sentimientos honorables
por pura maldad; y he visto prostituir el alma
volátil de lo único. Yo he sido testigo
del fratricidio de mi especie; y he visto aplaudir
la ignorancia perversa. Yo mismo he visto
cómo violaban mi ilusión en la humanidad
y en los nidos de cigüeñas indefensas.

XVI

Tú crees que yo vivo incluso
que mi vida es sencilla e ingenua
como la palabra de un niño;
que los dioses asaltaron mi corazón
e hicieron una fiesta para mitigar el dolor.
Pero no. También yo siento el dolor
en las entrañas y el miedo a morir.
Tú crees que vivo asido a un sueño
indeleble; pero las flechas certeras
agujerearon mi vida de cartón
y por ella se cuela un aire helado
y se ensucian mis entrañas.
Tú no sabes que mi vida es impura
en el cenagal donde habita. Allí
ningún filántropo fecundará la flor de loto.

XVII

Se pasea con la suficiencia de los poderosos ríos.
Se rige por lo inevitable que inició el infortunio.
Come pescados azules y blancos.
Vive entre hornos de ígneos presagios.
Se quiere tanto que se masturba a sí mismo
ese dios venido a menos
ese río suficiente y poderoso.
Se desenvuelve en el infierno como en su casa
y come pescados azules y blancos
y vive en las escaleras de un inmueble
y se pasea con su perro
rugiendo de la puta suerte de su vida.
Ese ser tan infortunado
que se masturba así mismo y así se ama.

XVIII

Siempre creí que había nacido
para hacer algo grande
en la humanidad; pero ahora
a mis cincuenta y tantos años
no veo en mi vida nada
por lo que hubiera merecido
la pena nacer.
Soy un pobre huérfano sin historia
—si quitamos los días cotidianos—.
Y si creí haber nacido
era porque estaba muerto
y cuando nacía moría en los días
esos en los que era grande en mí.
Siempre creí en la imposibilidad
de nacer, y aquí estoy;
pero ahora a mis cincuenta y tantos años
la dulce copa de la vida se hace amarga.

Y cuando muero soy un pobre huérfano
sin historia; y cuando vivo
persigo los días cotidianos
cuando moría grande en mí.

XIX

Hay algunas historias funestas
este febrero agónico que concierne
a pequeños animalillos reverberantes.
Sumergido en el silencio
el viento despierta los sentidos.
Y hay recuerdos voluptuosos
asomándose a turbios acantilados
cristalinos. Los campos han palidecido.
El verde cinabrio cubre el suelo,
este mes de lánguidos pensamientos
infructuosos. Asido a un recuerdo
como un alfiler a una costura, sientes
el dolor de los animalillos afligidos,
cimbreas tu columna vertebral. Te hallas
torcido de dolor, de un dolor descomunal
como la sinfonía de este viento enfurecido.

XX

Hoy pienso: dadme paso.
¿Por qué poesía son pájaros de fuego
nubes de cobre, muelas de aire
azulejos celestes, música
sin interpretes? ¿Por qué indagar
en la poesía la música del tiempo,
de mi tiempo? ¿Por qué todos destrozan
con palabras la poesía? Hoy pienso:
¿Por qué poesía son pájaros de fuego?
Debéis saber que siento nostalgia
desde que nací.

XXI

Siempre entendí que
tú amabas la vida y yo no.
Ese ímpetu tuyo en estructurar
el mundo me hacía daño.
Siempre supe que yo estaba
muy alejado de tu filantropía
y que tal vez ahí radicaba
mi incomprensión
incluso de mí mismo.
Siempre me negué a ser
una ínfula de ilusión.
Renegué de mi especie y punto.
Ahora comprendo:
cada ser humano tiene, tal vez,
algo oculto, un tesoro inaccesible
para los otros.

XII

Qué bonito haber nacido por un deseo
aunque solo sea por reproducir la especie.
Qué bonito el deseo de mis padres
queriéndome incluso antes de nacer
haciendo planes como qué sería yo
el día de mañana y cosas así. Sí,
definitivamente puedo decir que mis padres
me querían; al menos pusieron mucho empeño
en que yo fuera visible, incluso un deseo
incontenible y carnal. Pero el día de mañana
ya pasó. Ahora mismo soy la consecuencia
ciega de un deseo. Estoy muy lejos del principio
y desgastado, y estoy cansado.
Definitivamente, mis padres deseaban
hacerme visible, amar la materia de un deseo:
por eso me convertí en la carne que soy.

XXIII

Vi nubes evanescentes
transformarse en cristales hirientes;
y noté la frialdad en la sien y en las entrañas
como si fuera la síntesis de la vida.
Y vi cosas que volaban de repente
como el perfume impregnado de luto
y desaparecer las cosas en el remoto tiempo
entre rojos y evanescentes crepúsculos.
Y vi que todo muere y nada importa
excesivamente, en el enjambre efímero del mundo.
Y vi esas nubes irradiar tiempo suspendido
en el espacio, como si esperaran su propia mutación
irrelevante. Y vi al tiempo sentarse
adormecido en el olvido.

Libro segundo
APOLOGÍA DE LA EXTINCIÓN

EXTINCIÓN I

LA ESPERA

¿No será la muerte como las nubes cenicientas después
del ocaso? Yo espero una muerte de púrpura diamantina.
Mi vida juega al escondite detrás del ocaso, detrás
de nubes fugitivas ¿No será el preludio de un amor
tormentoso, porque mi muerte es una espera subida
a una nube detrás de un fuego fatuo?
¿No será que la espera se prolonga una eternidad, sentado
en una nube atardecida, cuando todavía era pájaro de luz?
Si pudiera recordar ese día del color del cobre,
si pudiera recordar ese día en el que morí para nacer
a la vida, sabría el misterio evanescente de las nubes.

LA BÚSQUEDA

Cansado estoy de buscarme. Ya me queda poco para
tragarme el océano de la inexistencia. Buscarme,
como si mi piel fuera invisible y ni yo mismo pudiera verme
adentro de mis huesos de azufre, circulando
en una mentira de aire. Ahora sé que nunca jamás
me encontraré, porque verme adentro de mí mismo
es querer indagar en la pura inexistencia. Descubrirme
impropio de mi vida, desgastado, como el cobre añejo
de los crepúsculos. Ya sé que me queda la amargura
de la memoria por todo lo perdido, por todo
lo que sacude mi alma como el viento hace
cuando se ve libre y sopla sobre mis huesos de mentira.

LA DESPEDIDA

Y la despedida produce estrellas, precipicios, de gotas
de lágrimas repentinas, de algo extinto. Una calma
melancólica después de la algarabía del mundo, que está
ahí afuera, afuera de ti, zumbando, crepitando, tocando
música liviana, cual una pertinaz abeja circunspecta.
Las simples y tristes despedidas (preludio de un adiós
definitivo) tal vez, el preludio del final silencioso. Porque
después del tumulto del mundo te quedas quieto,
expectante, dentro del silencio de ti mismo. Queda
el ahogo definitivo, comenzar a vivir de nuevo
silenciosamente, después del estruendo
y el estrépito. ¿No oyes el irrefutable tiempo, el ruido
ondulado como olas mártires, el golpe de una ventana
abierta por el aire? Las despedidas son como una casa
que abandonas, donde la música el tiempo mitiga
silenciosamente. Las voces arraigadas en cristales
indestructibles, gimen, ven cómo los recuerdos
se aposentan en desvanes eléctricos y melancólicos y,

quietos como fantasmas, despiertan al perenne silencio
de esta soledad hueca como un cántaro vacío, como
los pájaros inmóviles, silbando una resurrección
para reinventarse, inequívocamente existiendo en el aire.

EXTINCIÓN II

LA DESTRUCCIÓN

¡Ven, ven, muerte, amor; ven pronto, te destruyo;

Vicente Aleixandre

Volver a los orígenes de la mentira la extinción y la muerte.
De niño destruía cosas: cajas de madera, cartones, relojes,
libros, espejos, radios. Todo cuanto pretendía vivir
fuera de mí. Volver a las abejas de alambre circunstancial
y ver que un mundo había independiente de mí.
Volver a los orígenes de la inexistencia rompiendo
el viejo óxido de lo caduco, el rayo fugaz y exterminador.
Comprobar que nacimos para la destrucción
también del cuerpo vacuo y propio,
que extinto recorre la vida de pérdidas. Destruir cada cosa
que como un parásito transita en uno, como castillos
encantados, para engaño de lo eterno. Destruir
la ilusión de lo perpetuo, como raíces, como seculares
féculas del engaño que perpetúa el sufrimiento.

UN PRESAGIO DEL FIN DEL MUNDO

Está bien. Hay un presagio del fin del mundo. Algo huele
diferente, un presagio de algo desconocido, de algo
con el olor de las marchitas violetas, de duendes
somnolientos. Un presagio de trenes yendo y viniendo
y las adormideras en los andenes esperando, ¿qué esperan
con esa ira de vinagre en sus rostros mohínos? Las cosas
siguen igual en los cableados eléctricos, en los adoquines
mojados, en las calles tabernarias. Me asomé al abismo.
Había un lago inmóvil ahí abajo. Las azucenas marchitas
dormían entre las rocas húmedas, entre los algodones
de las cumbres remotas. «Ya está bien. ¿Qué espero?», dije.
Las gaviotas y los vencejos chillan para despertar al mundo.
Yo dormía como una estatua, como esa estatua de la niñez,
preñada de presagios, inmóvil pero locuaz. No sé.
Tal vez todos dormimos en la algarabía de un vagón
de metro para despertar en una remota estación olvidada,
solitaria, azul en su sueño, en su sueño azul de alcanfor.

Yo comprendo el frío marmóreo en el que me muevo,
ignoto, casi ausente, como si nada pudiera despertar,
o haber sido, o simplemente, ser displicente con el plagio
de uno mismo. Hay un camino por las grutas terrenales,
todo sordidez, todo tumulto ¡Cómo añoro los bodegones
de mi niñez, la sonoridad rítmica de los Beatles
en los sótanos sucios del porche, los escombros para jugar,
el abandono secular en los desvanes desvanecidos
por el tiempo! ¿Por qué ahora espero la rémora
inmisericorde de los recuerdos? ¿Dónde volver a encontrar
al duende alado, al duende de llaves oxidadas
y ruidos espectrales? Ya caía la noche. Ahora bien.
Los presagios contagiaban a las cortinas de hilo verde
y a los demonios petulantes. Todo ardía en el brasero de metal
bruñido. Y las sombras ¿no son acaso preludios, no son pre-
sagios pasajeros? Las sombras
transitan momentos roídos por el viento
y el fuego y el mar también ardía por las tardes. Todo ardía
como un beso, en el patio blanco salpicado
por motas del color
del Iris. Las voces, a veces, suenan como la de los fantasmas
que se columpiaran a lo Panero,
como escarpias que se regocijan
royendo el traje del tiempo. Yo también palidezco
en un retrato viejo. El tiempo no, se sacudió el polvo,
las legañas que habían hibernado en sus ojos vacíos y hondos,
la pulcra y puta miseria pasadas y, como siempre ha hecho,
se lanza por el tobogán de las dichas y las penas. El vaivén
de lo pasajero ¡mi vieja vida y mi desvencijada ilusión!

Esta bien. Sigo harto de las cosas que suceden
a espaldas de mi voluntad. Miro una nube de lluvia
sin caer, un cometa que pasa de largo, el hartazgo
del movimiento imperecedero, la descoyuntura
de mis huesos mohínos. Y el «Chitán» de los Puertos
que florece año tras año, como una retama
de anís dulce. Y está bien que esto suceda, como un caballo
de juguete columpiándose en las olas nocturnas,
copulando en las playas silenciosamente, como niños
fatuos en las estrellas marinas, en las florecillas
de San Francisco que presagian un poco
la venida del fin del mundo.

AL MONSTRUO MÍO

¿Sabes cómo te veo, pequeño monstruo
sentado a la orilla de lo perdido?
Te veo como una adormidera rezando
en los pantanos de la vida.
Te veo como si siempre fuera domingo
y comulgaras en misa, las oraciones para nada.
Te veo como un apóstol del olvido.
¿Y sabes, pequeño monstruo?: en ti
hay algo que germina como una oración,
en el germen donde todo empieza.
No quisiera que fueras sólo un sueño, y nunca más
pudieras encontrarte con la estrella de tu vida.
¿Sabes cómo te veo, pequeño monstruo mío?
como un milagro que respira, como un pálpito de dolor.
¿Y sabes cómo te veo, pequeño monstruo
sentado a la orilla de lo perdido?
Te veo como un niño en un laberinto, como la definitiva
pérdida, como lo que nunca será para siempre.
Te veo como el triunfo final del tiempo.

UN CUERPO EN OTRO CUERPO

Qué ruido tan triste el que hacen dos cuerpos cuando se aman.
Luis Cernuda

Adentrarse en ese cuerpo fungible, ese cuerpo extraño
como un fuego fatuo, incognoscible. Explorar
otro cuerpo, como si la piel poseída fuera una conquista
ingrata. Porque amar un cuerpo impropio
es violentar otra vida. Yo sé que siempre te amé
con tu cuerpo efímero, mi ángel vacuo, mi ángel místico
en sueños incomprendidos, pero no menos amados.
Y ese cuerpo es todo menos uno. Las acacias lo acarician,
en ese jardín de Hespérides y abejas livianas;
se divide como las células que ansiaran más vidas,
otra vida, donde un cuerpo da de beber el cáliz
de la resurrección. Sorber la cálida aurora,
el eco escondido en esquinas fugitivas, trascendente
como una eucaristía. Yo sé que mi cuerpo siempre
amó tu cuerpo de alma, ese que esperaba
el perdón de los pecados, la resurrección
y la vida generosa de otro cuerpo.

ALMA EXTINTA

Volver a extinguirse
y volver a ser como una repetición de cosas
que se expanden por el tiempo, como palomas blancas,
barcos fantasmas difuminados por la niebla, cuevas
petrificadas donde se extinguió mi padre algún día.
¿Cómo reciclar mi alma cansada, exhausta
de la repetición? Hoy
vi a una paloma blanca entre el gris de la tarde,
caminaba sobre los adoquines húmedos. Era rara
como una especie en extinción. Pero su blancura
contrastaba con la sordidez del mundo. Pensé
en la eternidad. «Tal vez nada se extinga del todo», pensé
en el gris áureo de cada día, en la feliz dicha
de las tardes crepusculares, pensé que la extinción
renace, y mi pobre alma entre cenizas, esperando.

FOR THAT NIGHT OF TWILIGHT IN THE LIGHT

Yo caminaba adherido a un recuerdo póstumo
en un mar ya para siempre inexistente,
ya para siempre soterrado. Y el tiempo maldito y huidizo
riendo por las largas avenidas del olvido transparente
y casi limpio, ahondando vacuo en la basura de la vida.
Y olvidando para siempre que adherida a un cuerpo
un alma estaba alegre y cantaba como si nunca
nada desapareciera, como si nunca nada dejara de existir.
Y de repente, el limpio día se tornaba ya para siempre
inaprensible, ya para siempre duradero.
Por esa noche de penumbra en la luz y el rayo póstumo
prendido en la distancia, he recogido la ceniza de lo que fui
en todas sus estaciones pasajeras
donde prende aún el aroma de los sueños.

UN PLACER E.T.

Tengo el placer de presentarle mi boca y sus ojos
que miran un paisaje de ciempiés y montañas rusas.
En su frente bailan las palabras como duendes, señora mía.
Usted sabrá ¿por qué bebe en mi boca la desembocadura
de aguas turbulentas? Tengo el placer, señora mía,
de presentarle la descoyuntura del mundo este
que no es nuestro. Por mi boca salen lagunas infectas
y sus ojos sólo ven cataratas idílicas. Tengo un placer
omnímodo que invoca las tardes en las que sus ojos
iban de la vida al sueño, señora mía. Y mi boca,
sedienta de besos, bebía del espejismo de su oasis.

PENSANDO LA MUERTE

Pensaba
que tenía un mal que me aniquilaría pronto.
Hice mis planes tétricos (sobre todo qué rastro de vida
dejaría en el mundo éste) ¿Quién heredaría mis libros
y mis cuadros y mis sueños? Y pensaba si alguien,
en algún momento del mundo que dejaba,
sabría de mi obra y conocería mi paso ingrato por la vida
como si yo no estuviera muerto. Preparé mentalmente
una muda limpia y la deposité en la maleta para el viaje
infinito (al fin y al cabo, los viajes insuflan en las personas
un inconfundible tufillo a vida)
Pensaba
que ya estaba muerto como si mi hálito de vida
ya hubiera hallado un fin irrevocable: que despertar
del sueño era algo así como despertar
por la mañana e iniciar un nuevo día.

Pensaba
que tal vez no resultara tan catastrófica la definitiva
pérdida y la extinción, que mi mal venía a liberarme
del mal de perseguir un sueño ya extinto. Con esa idea repasé
mi carpeta de Asuntos Propios. ¿Quién iba a heredar
mi casa de lilas? ¿Alguien recogería mi exigua humanidad
y se limitaría a constatar que jamás amé de verdad?
¿Que por mis venas discurre una lava de volcán cabreado,
hiriente como una desilusión? Y pensaba
que la noche definitiva borraría para siempre
la luz del día y mi alma llena de paisajes
se extinguiría en la niebla perpetua sin recuerdos;
y el dolor de lo que dejara sería como un sueño
sin memoria. Y con ese pensamiento involucioné,
no hacia la memoria de lo que perdía,
sino a lo que pudo haber sido y se quedó
por el camino. Qué extraño. En las olas
de todos los mares me columpié. En el aire
recuperé recuerdos olvidados, extintos,
resucité risas, llantos, olores, sentimientos
que no estaban muertos del todo. Qué extraño.
Nunca me sentí tan vivo, aunque entonces pensaba
que ya estaba muerto
…y cómo hice para resucitar.

EN EL REDIL DE LA NOCHE

En el llampegar del neó
el temps té un ademá de rosa
Pere Gimferrer

En el redil donde las estrellas se arrebujan
del cielo ónice de la noche, del vacío ominoso
donde uno cae rendido como un *Sherezade* de agonía,
con el cromosoma latente de la desdicha del vivir
en las alcantarillas de turbios presagios,
en los acantilados mustios de las constelaciones.
Porque es igual nutrirse en un mar de líquenes
o en un Atlas de Hespérides buganvillas:
Uranium en guirnaldas evanescentes. Y escuálidos
Hadrones rezar las bienaventuranzas de la ímproba vida,
o de la *Helycobacter* nutriéndose de partículas de Dios:
estrellas deslavazadas, acaso insurrecto mundo,
acaso vano redil donde los hombres acechan un sueño
de Driadas abandonadas en un bosque embrujado
para adivinar el mundo. ¿Adivinar el mundo?

Como si fuera un acertijo el destino
de los hombres y sus abalorios danzando cristalinos.
Ahí yo vi nacer un anhelo de vivir,
en cada alma donde subyace un sentimiento,
en cada pena soterrada, en cada esquina desolada,
cobijada en vientres de Minerva y sus vientos
de Saturno oscuro en lejanas estaciones
de letanías insufribles en un cóctel de dolor
que el Universo celoso esconde.

FUEGO FATUO

Alrededor, alrededor, por un lado y por el otro
los fuegos-de-la-muerte bailan a la noche
S.T. Coleridge

Hacia la *Pedrera* (Cíclope que con sus fauces
se comía la montaña) iba mi abuelo cada mañana,
apenas alboreaba el día, con el can *Trisqui* a sus piernas
y un palo para ayudarse a caminar. Iba a trabajar,
a quitarle terruños a la tierra,
con el rostro transido, el ánimo sombrío
de los que sudan el pan para vivir.
Cachalotes de fatiga, alfaguara de agua oxigenada,
albúminas silenciosas, hierba y guijarros
en los pies dolientes ¡Ten piedad
tierra maldita! Sólo mendrugos das, negro arroz
apolillado, ollas de cobre con aire silencioso:

simulacro de fuego ígneo en la cocina.
Sarmientos, brotes de algo fungible, algarrobas
de color tierra sombra, seguramente solo aptas
para animales de carga. Año mil novecientos
sesenta y siete, noctámbulos los fuegos
repentinos, como matracas crepitando: matraqueo
ímprobo, asaltaron a mi abuelo por el camino
pedregoso de la *Pedrera*. Zarzales en llamas
circunspectas, fuego voraz que todo lo prende,
como una acuarela de William Turner; y luego
desaparece *is like widfire*, como un Cíclope
escurridizo por el suelo zigzagueando.
¿Es una aparición homérica? ¿Tal vez una premonición?
Al día siguiente nada había del incendio.
Los árboles iracundos seguían custodiando
el camino. La hierba silbaba acompañada
por un viento Argonauta, pasajero. Los matorrales
seguían impertérritos, entrelazando sus dedos puntiagudos.
Después, una tarde calurosa de mil novecientos
sesenta y siete, en las horas canónigas
de los maitines, el fuego misterioso apareció de nuevo
para quedarse incendiando la mente de mi abuelo.
No era aquel un fuego fatuo cualquiera, más bien
un fuego fausto, goetheano, altanero y pendenciero.
Quería poseer al moribundo en su lecho
de acacias somnolientas, hacer de su vida
ya ceniza, ya duelo doliente, ya amarillo recuerdo
como una estampa sin tiempo, devorando la tierra
siempre, siempre el póstumo silencio del no Ser.

¿Quería el fuego lucir ribetes de minué en su muerte,
un tartán de plasma transgénico? ¿Quería que naciera
su muerte, en esa hoguera de sueños truculentos?
Siete noches: duelo luctuoso, translúcido
el fuego de la muerte. Ciertamente, mucho tiempo
tardó (mi abuelo estaba muy aferrado a la tierra).
Mucho duelo de campánulas trasnochadas,
mucho dolor transido en esferas de ondinas
fugitivas. Ese fuego dejó en olas de ceniza
un olor marchito en la casa soleada.

HIMNO A UNA NOCHE DE ESTÍO

En el mullido jergón de los rastrojos
en el dulce vino de Icario
y en la incomprensión banal del mundo
en la cicuta amarga de Sócrates
caído como los dioses caen
fervorosos de Arcadias y de amores;
en el bosque de ninfas del olvido
en el timbal unísono del amanecer
donde Cernuda da vida al ruiseñor
y Nat King Cole colecciona tristezas
en un escenario de bambalinas
y luciérnagas de luz de gas:
en un espejo para no verse
en un tablao con Rocío Jurado
entre claveles, clavelinas y solfas
de gallo encantado por un aire de cristal;
así, como el papagayo flirtea
en el jardín de la Baronesa de Stäel,
donde Montoliu improvisa un Jazz

en la cálida noche de violoncelos
en la difusa noche del teclado dominó
en la luz de la noche de Cachemira
y en las violetas dormidas del burdel.
En viñas rojas de carmesí
en los penachos de plumas de la abubilla
y el canto bu-bu del amanecer,
cuando la princesa desayuna fresas
en el cristal desmayado de ayer,
cuando la muerte de la noche cae
en las delicias del jardín del Bosco
y los sueños se vuelven polvo
y lo finito se vuelve efímero
como las rosas en Pentecostés
como la magdalena en el café
se vuelve madeja del pasado
olor que fluye en el ocaso
gardenias de Gardel marchitas
por los pálidos reflejos del dolor
por (las ondas horas de dolor) vieja
calle, vida tuya vida mía,
aferrada a un alma febril la mirada
la mirada de mirar entre alfileres
la costura del roto de vivir.

ÁNGELUS AL ALBA

El azul añil se extingue.
El patio oblicuo, óbito somnoliento
entre geranios sonriendo a un sol
de Samar-Lanka. Fallece el tiempo
como una lágrima perlada.
Un grito atolondrado en la cornisa cenicienta,
un portazo, un grazne oxidado de trementina
trémulo, tristemente viene de otro lado
y alguien canta en una emisora lúgubre
¡José Guardiola se despide de su padre!
La vida se despide del tiempo. Y hay
una tristeza en las sillas simétricas,
una tristeza de éter pulverizado:
una calle solitaria, pulida por el sol
sus aristas, un niño de libélula con un tambor
en el escaparate. Un cuento. Un cascarrabias
de mariquitas al sol de las tapias, y cucarachas
en las manos de un laúd árabe. El folclore
de las niñas Carmelitas, descarnadas

en las mañanas azules de cítaras amargas.
El pasado se diluye como un azucarillo
en el café, dulces pestañas
de adobe y algodón. Las tejas ensombrecidas
por una Hypatia de ágora, danzarinas
bailando como huríes a la orilla de un pozo
de agua vitrificada, azogue.
Y se extingue la luz, el fuego, el áureo
oropel de una madeja deshilachada.
Y se extingue en mis manos
El peor de los dragones de J. E. Cirlot.
Y se extingue el día que muta en noche
de presagios constelados, ruiseñores
con estrellas en los ojos de nacer.

DESPUÉS DE LA EXTINCIÓN

Verf barrabum que espuma

Los bosques acaso no están muertos?

Leopoldo María Panero

I

Principio sin verbo: Caolín de yeso.
Líquenes escarlatas en un mar impronunciable;
florescencias de hierba se desperezan
remanentes, para ser algo que olvidaron, o fueron
algún día: cabellera de Dios en los vientos
sin lunas. Plancton. Alma virgen
de nunca haber nacido o ser atmósfera
ya para siempre inaprensible, ya para siempre
nacarado aire azul de Goya infinito. Y las lunas
se disuelven en salfumán para verse
en un espejo de gelatina inestable.
Mares sin Júpiter. Bosques de azufre nuclear,
cáustico sin posibles Hespérides. Y el sol
durmiendo tibio en un sórdido tafetán,
sin Nanak pensativo. Principio mudo,
sin palabras primigenias, oráculo del aire,
sin gestos, desmirriada la historia —el padre
solo ha muerto—, para nacer la vida sin Dios.

La soledad disuelta en líquenes, algas marinas
en Lilliput, y ya nunca más morir de nada;
ni de los ficticios solsticios, ni cielos
donde la herrumbre se descompone
en partículas demasiado ingrávidas.
Cadalso tenebroso en un circo de volcanes
dióxidos, morros puntiagudos apuntando a un cielo
demasiado fungible, aleatorio, ignífero.
Las piedras circulan por cielos rúbeos, rielan
como corpúsculos enloquecidos sin gravedad:
diásporas nacidas de asteroides sin cola, caos
circunspecto, donde ningún dios osó mirar
desde ningún áureo horizonte, ni cenutrios
casquivanos para, en un principio,
volver a ser.

II

Se extingue el mundo como se extingue el día
en Beverly Hills, entre blues y colinas
humeantes aves melancólicas chapoteando
en las marismas. Lejanos horizontes
rojos y amarillos mares subacuáticos vientos
silbando algo parecido a nada,
algo que vivió frágil como una Fluorita lumínica
una viuda negra en Chernobyl.
Silenita bajo la tierra de Chihuahua.
Lowry comiendo perros muertos en Quauhnáhuac
cuando se extingue un día se extingue el mundo
cómo se extingue un día
entre alcoholes férvidos de Arquímedes
en un mar pétreo de arañas alunadas
se veía que la noche no caía sus ojos
perennes siempre adentro de su tul
de muselina plastificada, plasmolizada,
se veía el útero primigenio desde un cristal
un agujero zambo y transparente

un azulejo teñido de cárdeno
una vagina absorbiendo la luz ultravioleta
cansada de viajar por oviductos
por constelaciones de goma y plastilina
bajo volcanes candentes con bosquimanos
chascando en faldas cenicientas, humosas
llanuras allende los volcanes y océanos
un mar ¡Dios mío! un mar para morir ¿por qué no?
también en la sombra de una nube de azúcar
cómo se extingue un día se extingue el mundo
primero el tiempo, después el tiempo
la Nada la luz púrpura la canción marina
de los muertos al rumor de un río
en Honolulu bajo crepúsculos verdes.
¡Oh! Animales ya no comeréis en el aire
azul de los mundos superpuestos. ¡Oh!
muertos en Honolulu, oh primero el tiempo extinto
cómo se extingue un día se extingue el mundo
en una secuencia de celuloide tecnicolor
como una pesadilla en la lejana colina
de aquella calle de cartón ondulado
como el aire cuando dormita
sobre las carúnculas nacaradas de las olas
y los volcanes constreñidos y los océanos
y las nubes y las sombras de algodón o azúcar
y las constelaciones consteladas corriendo.
¡Oh, cómo se extingue el mundo!
Nosotros ya no estaremos ni la sombra
en la colina callada de Beverly Hills
el blues melancólico de la vida.

III

Pero yo no quiero dejar lo que viví
noches que auspiciaban asteroides
lianas circulando, traspasando
los muérdagos de luz. Pero yo
no olvido dejar mis tardes aromáticas
salpicadas por luces crepusculares
con geranios en las ventanas, no olvido
la vida corpúsculo que viví
ni perdono los garfios ni la extinción
ni olvido mis zapatos dormidos en el zaguán
húmedo. ¡Oh, las magnolias y los presagios
de Diásporas! ¡Oh, todas mis noches extintas
y el sabor en las mañanas de gusanos
en las moreras olvidadas! ¡Oh, el oro errabundo
de Melmoth procaz, tic-tac y tic-tac, todo el tiempo
subrepticio en un inminente olvido! Tic y tac
no olvidaré nunca el cucú ionizado en la pared
el cuento dormido en el baúl secreto
que no quiero dejar como un hombre deja

en el retrete su máscara de mentira veneciana
porque yo no quiero olvidar aquello que mi vida fue
porque amé mi desdicha y mi dolor y olvidé
el cadalso ominoso con sonrisas rapsodas y no quiero
dejar lo que viví para morir
como un pulmón sin aire y sin memoria
porque quiero respirar. ¡Por Dios! dadme aire
de cuarzo, un día en los acantilados rocosos
junto a Byron y Woolf y no sé por qué
ahora me ahogo en la bahía de la luz
y no quiero dejar detrás de mí
rastros que sean los de la vida contada
enardecida por polillas claustrofóbicas.
¡Oh, mis magdalenas de olvido!, mis mundos
vividos afuera de mi vida
mis musas anquilosadas
contando las estrellas muertas en el night club.
Oh, todas las estaciones de cercanías con trenes
de un lugar a otro del mundo nuestro
detrás de nosotros, o delante, con neones despampanantes.
Oh, sí, mi mundo que tanto odié y no quiero dejar.
Oh, lo que viví, mi vida como estrofas como escombros
ojalá la vida fuera solo eso: la poesía
tuya y mía, ayúdame, muérdago de luz
a vivir afuera de mi vida.

Libro tercero
ABOLICIÓN DEL SER

POESÍA DE LA AGONÍA DEL SER INFECTO

2 de octubre, un día de lágrimas otoñales

Colinas sangrantes. Otoño de lágrimas exprimidas.
En la acera húmeda
las hormigas caminan en fila india, retumban
como tambores lejanos.
Hay un río humano
circunspecto, ímprobo río Leteo de ratas bienaventuradas.
¡Que el Verbo
soy yo! —dice la historia— Me escondo del ajetreo humano.
¡Que la poesía
soy yo!, con reproches irreverentes. Estorninos ingrávidos
vuelan entre nubes
de plástico iridiscente
muriendo solo en la planicie devastada de mi Ser.
¡Que soy rico
en el plebiscito de hombre de amar palabras blasfemas!
¡Que soy el flautista
de ratas ardorosas y disolutas, circulando acrobáticas por ace-
ras espéjeles!

Soy el polvo de la Nada.
Soy el paria de la luna constreñida.
Soy aún el niño que viene circulando
por avenidas rotas por el viento.
Bajo antorchas en lagunas licuadas alcancé a probar la comida transgénica.

(Yo sé que moriré una noche abominable de ciempiés.)

Por caminos exacerbados miro a mi Ser caminar desorientado
y volver a caer
y volver al remordimiento de las cosas virtuales, e hipócritas virtudes,
y volver al rebaño encantado
y saber que el demonio ha triunfado
y saber que el hombre es un esbirro de Satanás
y el Ser llegó al río del olvido, por fin,
y se bañó en sus aguas turbulentas
y San Juan lo bautizó
para que se ungiera a la cruz de la miseria.

(Yo sé que moriré una noche abominable de ciempiés.)

Muero solo en la planicie devastada de mi Ser.
Para no volver al rebaño encantado
he hablado con el inmisericorde Dios
que me remite a los estorninos entre nubes
de azufre y algodón.
Estoy frente al atolón negro de la noche
como un sedimento carbonífero.

Busco loco cada estrella ida para siempre
también sobre los adoquines húmedos
de una calle mugrienta, circunspecta
lágrima de otoño, languideciendo mi exacerbado Ser.
¡Oh, mi Ser que se niega a sí mismo!
Y se pregunta ¿de verdad existo?,
¿de verdad el Verbo es un gruñido funesto?,
¿de verdad la poesía se resiste a ser un lucero fracasado?

(Yo sé que moriré una noche abominable de ciempiés.)

Que soy el niño que viene por avenidas rotas por el viento.
Que el silencio acecha en cada colina sangrante.
Que estoy anclado a estorninos por avenidas de nubes
cuando exhibo mis furias humanas,
por colinas sangrantes y rebaños en otoño
donde mi Ser anhela un día dejar la peste de la vida.
Alguien, entre escarabajos ruines, trastabillará
mi bienaventuranza
y dejará morir a mi Ser, por fin,
en la planicie devastada, por fin
entre colinas sangrientas.

(Y yo sé que moriré una noche abominable de ciempiés.)

Poema de la reivindicación del Ser infecto

El óxido en los pulmones del gorrión.
El plástico en el estómago de los peces.
Los desechos fluctuando putrefactos.
El Ser revolcándose en estercoleros.
Las vidas vacías, las ratas agonizando, las egoístas vidas impresas en papel higiénico.

El óxido corroyendo la atmósfera.
Los espejos vomitando nebulosas.
Las agujas del reloj tic-tac de aquí para allá.
Los mundos complacientes de sus miserias.
Las vías sin trenes, los túneles oscuros, el espacio sin aire, las olas moribundas.

El óxido devorando la conciencia.
El martirio de la locura del vivir transgénico.
El olvido instaurado en las lagunas secas.
El miedo en el diván de Mr. Young.
Y yo sé que la podredumbre del Ser errático subyace en lo más hondo de las catacumbas.

El óxido durmiendo en los estercoleros.
Los alcoholes desionizados.
Arenas movedizas a la orilla de lo perdido.
Un cerebro de pez corrompido.
El óbito subsidiario de un Ser narcotizado impropiamente por la impura vida de cartón-piedra.

El óxido remanente ahogando los pulmones.
La peste bubónica retorciéndose de risa.
El semen improductivo muriéndose de risa.
El caballo pálido del Guernica muriéndose de risa.
La dentadura sin mandíbula retorciéndose de risa una tarde por las esquinas insidiosas.

El óxido en un espacio de dióxido de carbono.
La nube de sulfuro con una mirada ácida.
La vida flotando en una nube de mentira.
Los vástagos sin vestigio vagando sin saber.
Y los vástagos ruinosos y los cándidos Argonautas y los esqueletos del infortunio.

El óxido en los huesos carbonizados.
Los pesticidas en los ríos infectos.
El atolón circunspecto sin flotador visible.
Las rascaduras del Ser deshumanizado.
Mi sueño robotizado expuesto sustancialmente en lonjas de seres cáusticos y aleccionados.

Y el óxido en los pulmones del gorrión.
Y el óxido corroyendo la atmósfera.
Y el óxido devorando la conciencia.
Y el óxido durmiendo en los estercoleros.
Y el óxido remanente ahogando los pulmones.
Y el óxido en un espacio de dióxido de carbono.
Y el óxido en los huesos carbonizados
impregnarán de peces muertos y basura espacial las escamas mutantes de mi Ser.

La diversidad de los mundos superpuestos

Hay un tiempo para anochecer a la luz de las estrellas

T.S. Eliot

Hubo un tiempo en la división de los mundos;
un tiempo sesteando en un diván recalcitrante.
Hubo un tiempo de témpano helado de cocodrilo,
un tiempo de labios ardientes, de criaturas de fuego.
Hubo un tiempo ¡divino mundo!
Un tiempo desamortizado, mausoleos pálidos
hubo. Un tiempo paleontológico, el mundo
menstruando lagos rojos y engendros cabalísticos.
Hubo un tiempo lento, asimismo veloz,
un tiempo digiriendo partículas de Dios, estelar
tiempo de demiurgos escondidos en troncos ambulantes.
Hubo un tiempo antiguo que pasaba sin pretérito,
indefinido en su pasado, remanente de presente.

Hubo un tiempo de techumbres derrumbadas,
singularmente huérfanas de luces y lunares,
un tiempo perdido para la historia humana del desarraigo.
....

Y hubo un tiempo en el que el resplandor danzaba rítmico
por colinas verdes donde el sol sesteaba abrazado a la hierba
y la tristeza almorzaba con la dicha en una mesa brumosa
donde el puro día medraba ufano
y el tiempo jugaba a esconderse para no ser visto entre patios
del color de las mandarinas
y el tiempo dejaba de existir entre oráculos trasnochados.
....

No esperéis lo que nunca será
porque todo se borró en la ausencia,
los dioses caídos y los patíbulos
sesteando en los patios fríos del olvido de estar viviendo.
No. No esperéis que lo divergente confluya como río de aguas
pardas en brazos de un vasto océano de Nada.
El Ser embrión como un huevo en la desdicha
como un montón de estiércol humeante, humanizado
como un puente de ojos de aguja
como la automoción de un cosmos violentado
como la *Piedra Lunar* de Wilkie Collins dividiendo los mundos
como el intangible transitar de ángeles infernales
y los vientos cósmicos trayendo hasta nosotros los olores de
cuando éramos felices entre geranios y patios de lagartijas
como sueños efímeros con alma de no pasar la vida
como espectrales seres que nunca han sido de verdad.

Hubo un tiempo de tardes de cartón ondulado
y sirenas cantaban alabanzas heroicas a Ulises y Agamenón
entre la lluvia caminábamos por aceras entre autos crispados
danzando como huríes entre recovecos extáticos para festejar
esa lluvia de virus virulentos.
....

Y no había nada que festejar; nada con lo que redimirse.
Solo espectros fósiles y cantinelas en los desvanes
mustios y solitarios
en un tiempo tan remoto que hace daño
su interminable ausencia.
Un tiempo que ya dejó de seguir,
un tiempo que ya dejó de existir.
Y no esperéis lo que nunca será.

El hombre que creía en imposibles sueños

Es extraño. No oigo nada. Es una algarabía silenciosa.
Las palabras se quejan en la sombra plutoniana.
Es obvio. Son las siete de la tarde y anochece.
La gente por laberínticas calles sortea obstáculos, coches,
cubos de basura, personas sórdidamente errantes
pegadas a un auricular.
El crepúsculo moldea un circo de montañas azules.
¿Estoy en la techumbre de un limbo imaginario?
El espíritu se agria y desespera. Y es extraño. No oigo nada.
En mi algarabía cuartetos de felicidad.
«Es usted un delirante enfermo»
—exhorta una cohorte de personas reunidas en el vestíbulo
de una comunidad de vecinos.
Zumban como un enjambre de moscas folloneras.
«Añoro el espacio abierto y la soledad extrema de los mundos»
—alcanzo a responder.
«Aquí eso no es posible. Aquí está usted condenado al ostracismo y a la esclavitud.»

«Añoro el bañarme con las estrellas en los senderos solitarios de la noche»
—insisto acongojado.
«...cuando por ellos anduve feliz y despreocupado».
«No, no. Eso pasó rápido como un ómnibus, una brisa de CO_2.»
«Añoro el sonido de pandereta de las hojas.»
«Añoro el concierto de los pájaros cantores.»
«Añoro el agua limpia y su acrobático danzar entre las piedras de colores.»
«No. Es extraño. Te daremos el número de teléfono de un psicólogo especializado en casos raros de animismo transgénico espongiforme locomotriz»
—me dicen, mirándome como se mira a un loco perturbado.
«¿Y del principio filosófico de soledad?»
«¿Y de las noches sin remordimientos?»
«¿Y de mis cenas fastuosas únicamente con Dios?»
«¿Y del alma henchida de tenerlo todo sin tener nada?»
«Añora y llora»
—oí a mi espalda desde la última fila de butacas del anfiteatro de este mundo.

Negación de Dios

I

Porque no existes Dios inmisericorde
porque no existes.
Mi mayor desprecio es negarte
porque sería muy cruel si existieras
Dios lacónico, porque no existes Dios inmisericorde.
Ahora tengo que vérmelas con mi madre moribunda
con seres desangelados en mundos de tormenta,
con Demiurgos al otro lado de los disturbios hostiles
del ser humano, porque no existes.
Nietzsche, que te conoció en el retrete, dijo
por pasiva que no existías. Yo ya lo sabía
porque no existes
porque si tus extremos convergieran

serías un puerco espino, serías un puerco misógino.
El petirrojo está dormido
pero el petirrojo está despierto.
¿Por qué todo es tan difícil, Dios lacónico que no amas?
Dios inmisericorde que dices que amas
lo imperfecto y lo abrupto.
Dios basura de mis noches de ciego
estoy ciego no quiero ver más
el pequeño petirrojo adormecido
el pequeño petirrojo que no sabe
nada que no conoció nada que no conoció a Nietzsche
que no conoció el dolor de la vida de estar despierto
adormecido en el silencio de lo que desaparece
incólume, inevitablemente pretérito
porque no existes
porque no mereces existir
porque no quiero que existas, Dios inmisericorde,
porque el petróleo de las entrañas se extingue
porque ahora surge la tormenta imperfecta
y no surge y se extingue
y los rayos efímeros se extinguen y no se extinguen
se contraen y lucen
solo lunas invisibles
invisibles espasmos de la noche
Dios inmisericorde que no existes, que no mereces existir,
que no quiero que existas.

II

Por todos esos muertos
que llenarán tu vida de dolor
escribo ahora en tu agonía.
Mi Dios es una inútil superstición.
Nada temo
porque ya estoy en el infierno
por todos esos muertos
que llenarán tu vida de dolor.
Cuelgan nubes negras
en estos días infames
que llenan tu mundo de dolor.
Por todas esas nubes cargadas de humanidad
sublimo ahora a los muertos
que llenarán nuestras vidas de dolor.

Turbulencias del Ser agónico

¡Hup, hup! Turbulencias.
Serenata estoy en el mar en el aire
estoy donde nunca debí volver a la arena,
donde nunca fue mi cáliz y la amargura.
Ahora no soy. ¡Qué serenata de no Ser!
Y no podía estar. Las calles olían a fritura
y yo no estaba ya
ni en el puente remoto de bares inmundos
ni en el nido de cigüeñas huérfanas
ni en el alambre cimbreando las púas arborescentes
ni quería más luchar en la Nada
ni buscar en los estercoleros era un alma huérfana de alegrías.

La luz son mundos ojos en la noche
nostalgia de grillos
chirriando mucho, mucho,
chirriando hasta la extenuación hasta la noche de su alma.
No quiero ser
borrado estoy en la quiescencia de mi elixir
chapapote en mis alas ya no puedo volar
¿Por qué? Mi mundo agoniza.

¡Hup y hop! Turbulencias.
Como burbujas entre naranjos mandarines
en templos amándose odiándose
diciendo que los reinos son de este mundo
que los reinos son de este mundo
que los reinos son de este mundo
porque no hay otro para demonizar.
Ruinas son arenas movedizas. Tiemblo.
Porque creo que muero en mi abolición ablución
y tengo el miedo puesto en una escalera
que sube allá lejos entre estrellas impredecibles
entre estrellas de gas que perdieron la nave
entre nubes fallidas sin mapas ni brújulas
esperando siempre la eclosión primigenia
y la abolición del tiempo intemporal.

¡Hup y hip! Como si pudiera huir
luchar sin esperanza sin el contrapunto
musical de nunca querer vivir para agonizar
en un hospital de cruces rojas
en un hospital de cuervos entre almas, yertas pálidas,
los ojos espantados de quien sabe
la nulidad de la impostora espera.
La muerte espera con su libertad
y ya nunca más querrá ser
y ya nunca más en los trenes de mentira
y ya nunca más en teatros de marionetas de cartón
y lápices para dibujar una ilusión efímera.

¡Aj, aj! Toso una vez y otra vez en el infinito yo
y me ahogo
sin aire de mí, como un ser de mi Ser.

Radiografía de una pena contumaz

Era una pena motriz
una pena que nacía para ser eterna
una pera para adentro
escondida en un bosque entre hienas oculta
entre troncos huecos de dolor de cabeza
de dolor de morir imposible
mente y en la mente.

Era una pena de la epidermis para siempre
Una pena ácida clorofenoxiisobutírica
fibrada tráquea tubular
ahogado duele el pulmón de
pez mudo
en el aforo de los alveolos de
respirar ya sin aire.

Era una pena de no acabar
nunca para siempre eterna para siempre sin morir
una pena que aúlla en el eco de una cueva
paranormal para nada
parafernalia para nada
paracusia para nada
es igual no oír
ni ver a los invertebrados la esperanza
deglutiendo pedazos de dolor contrito
como cálculos biliares o nefríticos.

Y para siempre yo te llevaré.
Viejo y cansado como un muro en Jerusalén
entretejido a la vida de no poder ser
no en un cuerpo ya para siempre imposible
arrastrando el dolor para adentro
una pena milenaria en todas las vidas
por venir
porque nada será igual
para llevarte hacia dentro para ser eterna.

INDICE

Libro primero MUTACIÓN DE LA MATERIA 9

I Hombre, sabes que vives solo ....Pg 11
II He de volver, me dijiste ....Pg 13
III ¿Y ahora qué cuentas, pequeño iluso? ....Pg 15
IV Deja que saboree mi dulce tristeza ....Pg 16
V La muerte estuvo paseando ....Pg 17
VI Dentro del maravilloso cuerpo ....Pg 18
VII Versos inconexos ....Pg 19
VIII Algunas veces la tristeza llama a tu puerta ....Pg 20
IX A ver, ¿cuántas muertes debes llevar? ....Pg 21
X Paradójico es el engaño sistemático ....Pg 22
XI Mudas palabras, mudos versos y muda poesía ..Pg 23
XII Atardecía ....Pg 24
XIII Sumergido en el caos de la indolencia ....Pg 25
XIV ¿Y si la piedra no fuera un lunar en la piel? ....Pg 27
XV He visto violar los nidos de cigüeña ....Pg 28
XVI Tú crees que yo vivo incluso ....Pg 29
XVII Se pasea con la suficiencia ....Pg 30

XVIII Siempre creí ....Pg 31
XIX Hay algunas historias funestas ....Pg 33
XX Hoy pienso: dadme paso ....Pg 34
XXI Siempre entendí que ....Pg 35
XII Qué bonito haber nacido por un deseo ....Pg 36
XXIII Vi nubes evanescentes ....Pg 37

Libro segundo APOLOGÍA DE LA EXTINCIÓN Pg 39

EXTINCIÓN I ....Pg **41**
LA ESPERA ....Pg 43
LA BÚSQUEDA ....Pg 44
LA DESPEDIDA ....Pg 45

EXTINCIÓN II ....Pg **47**

LA DESTRUCCIÓN ....Pg 48
UN PRESAGIO DEL FIN DEL MUNDO ....Pg 49
AL MONSTRUO MÍO ....Pg 52
UN CUERPO EN OTRO CUERPO ....Pg 53
ALMA EXTINTA ....Pg 54
FOR THAT NIGHT OF TWILIGHT
IN THE LIGHT ....Pg 55
UN PLACER E.T. ....Pg 56
PENSANDO LA MUERTE ....Pg 57
EN EL REDIL DE LA NOCHE ....Pg 59
FUEGO FATUO ....Pg 61
HIMNO A UNA NOCHE DE ESTÍO ....Pg 64
ÁNGELUS AL ALBA ....Pg 66

DESPUÉS DE LA EXTINCIÓN ....Pg **69**

I Principio sin Verbo ....Pg 73
II Se extingue el mundo ....Pg 75
III Pero yo no quiero dejar lo que viví ....Pg 77

Libro terceroABOLICIÓN DEL SER ....Pg **79**

POESÍA DE LA AGONÍA DEL SER INFECTO....Pg **81**

2 de octubre, un día de lágrimas otoñales ....Pg 83
Poema de la reivindicación del Ser infecto ....Pg 86
La diversidad de los mundos superpuestos ....Pg 89
El hombre que creía en imposibles sueños ....Pg 92
Negación de Dios ....Pg 94
Turbulencias del Ser agónico ....Pg 97
Radiografía de una pena contumaz ....Pg 100

Descubre tu próxima lectura

Made in the USA
Middletown, DE
05 November 2026

36545551R10068